白垩纪恐龙 中

探寻恐龙奥秘

TANXUN KONGLONG AOMI

恐龙大百科

张玉光 ◎ 主编

青岛出版集团 | 青岛出版社

腱龙

你知道吗？恐龙家族中的"小个子"不一定都好欺负，有的可能是凶悍的掠食者，比如始盗龙。同理，"大块头"也不一定都好杀戮，有的可能十分温驯，比如腱龙。

"健美先生"

腱龙的拉丁学名意为"有腱子肉的蜥蜴"。专家猜测，在肉食恐龙遍地的白垩纪早期，缺少防御武器的它们只能靠奔跑来躲避敌人。所以，腱龙可能长有发达的肌肉，是强壮的"健美先生"。

大　　小	体长为 7～10 米，体重为 2～5 吨
生活时期	白垩纪早期
栖息环境	森林
食　　物	植物
化石发现地	北美洲

"独行者"的命运

腱龙总是独来独往，而肉食恐龙多喜欢集体狩猎。这样一来，腱龙很容易成为肉食恐龙的攻击目标。腱龙虽然擅长快速奔跑，但面对狼群般的猎食者，常常独木难支，最终难逃被吃掉的命运。

化 石　腱龙的骨架 >>>

从腱龙的骨骼化石可以看出，腱龙前肢短，后肢长。因此，古生物学家认为腱龙的后肢很可能有比较发达的肌肉，它们能靠后肢支撑身体活动。

你知道吗？

　　腱龙的体重甚至能达到5吨呢！

　　人们在北美洲发现的腱龙化石标本大概只有8岁，还未成年。

楯甲龙

楯甲龙是甲龙类的一种。它们因脊背和尾巴上长出的厚厚甲片很像古人行军作战时手里拿着的盾牌而得名。这些甲片坚硬结实，能轻松抵挡住敌人的攻击，使楯甲龙免受伤害。

大　小	体长约为 5 米，体重约为 1.5 吨
生活时期	白垩纪早期
栖息环境	森林
食　物	植物
化石发现地	美国

化石　楯甲龙的背部 >>>

　　古生物学家通过钻研化石发现，楯甲龙背部的"盾牌"并不是一个整体，而是由一块块细小的骨板像瓦片一样互相叠加、拼搭形成的。

　　▲ 长成这副模样的楯甲龙简直让肉食恐龙进退两难。它们那布满棘刺的颈部意味着风险。肉食恐龙如果要打它们的主意，就要做好被刺伤的准备。

颈部棘刺

　　肉食恐龙在捕猎时，通常会针对植食恐龙的颈部等血管密集的要害部位进行攻击，力求一击毙命或者让其彻底失去抵抗能力。但是，在面对楯甲龙时，肉食恐龙常常会觉得无从下口，因为楯甲龙的颈部长有许多大小、粗长不一的可怕棘刺。如果肉食恐龙贸然行动，嘴巴可能会被刺出大窟窿，血流不止。

蜷缩的"刺猬"

　　楯甲龙身披"铠甲"，虽然极大地提升了防御力，但它们并不善长奔跑。加上楯甲龙性格温和，几乎没有攻击性，所以一旦遭遇掠食者袭击，它们唯一的办法就是蜷起身体，把脊背上的小骨板一致朝外，让自己变成扎手的"刺猬"，从而让肉食恐龙望而却步。

棘 龙

1912 年，第一块棘龙化石在埃及西部被发现。之后，当地陆续出土了棘龙的多块骨骼化石。但是，好景不长，第二次世界大战的战火波及收藏棘龙化石的博物馆，珍贵的棘龙化石因此被摧毁。此后很多年，人们再也没有发现新的棘龙化石。直到进入 21 世纪，一具高度完整的棘龙化石才在撒哈拉沙漠现身。

化 石 棘龙的背帆 >>>

棘龙背部高大醒目的背帆是它们身上最大的特征。关于背帆的作用，古生物学家多年来一直在探讨、研究，但直到现在也没有完全破解。

背帆与骨质增生

第一眼看到棘龙的复原形象，你可能会被棘龙脊背上足有一个成年人高的背帆吸引。这种"帆"由长长的骨质神经棘支撑，每根神经棘都是从脊骨上直挺挺地长出来。这听上去是不是有些像骨质增生的症状？不过，对于棘龙来说，这可不是病态发育，而是正常的身体结构特征。

背帆作用的猜想

虽然古生物学家至今没有确定棘龙背帆的用处，但他们提出了许多猜测与假设，比如吸引异性、追求配偶、调控忽高忽低的体温，又或者像骆驼的驼峰一样可以储藏能量，等等。

凶狠的外表

　　作为残暴的掠食者，棘龙的外貌非常符合它们的食性——身材高大，体魄强壮，长有和鳄鱼相似的头部，嘴巴狭长，里面长满锋利、尖锐的牙齿。另外，和大多肉食恐龙前肢短小的情况相反，棘龙的前肢发达健壮，上面长有狰狞的利爪。这说明它们的攻击力很强。

　▲ 棘龙的前肢发达强壮，既能在水中捕鱼，又能擒杀陆地动物，算得上多功能的"利器"。和棘龙的前肢比起来，霸王龙弱小的前肢几乎不值得一提。

大　　小	体长为 12 ～ 18 米，体重为 7 ～ 20 吨
生活时期	白垩纪早期
栖息环境	沼泽
食　　物	肉类
化石发现地	非洲

重爪龙

　　1983年，一位名叫威廉·沃克的业余化石收藏家在英格兰发现了一块长度超过30厘米的恐龙爪子化石。这则消息轰动了整个古生物学界。1986年，两位来自伦敦自然史博物馆的古生物学家把爪子的主人命名为"重爪龙"。同时，为了纪念威廉·沃克的贡献，人们把他的姓氏加到重爪龙的种名中，所以重爪龙也叫"沃克氏重爪龙"。

| 化　石 | 重爪龙的指爪 >>> |

　　这是一块重爪龙的指爪化石，如今收藏在博物馆中。通过它，我们能直观地认识到，重爪龙拥有大得可怕的爪子，可以给猎物带来难以想象的杀伤力。

重量级的爪子

　　虽然重爪龙不是用四足行走的动物，但它们的前肢异常发达，并且各生有3根粗长的手指，每根手指上都长着锋利的尖爪，尤其是大拇指上的尖爪，长度更是超过了30厘米。如此大的爪子，即使翻遍整个中生代的恐龙档案,也十分少见。

大　　小	体长可达10米
生活时期	白垩纪早期
栖息环境	河岸边
食　物	鱼类，也可能吃其他动物
化石发现地	欧洲

恐龙"渔夫"

重爪龙比较喜欢吃鱼类，堪称白垩纪恐龙里的"捕鱼达人"。它们吻部狭长，和现代鳄鱼很像；牙齿呈圆锥状，十分锋利；弯钩一样的巨大指爪能轻松把鱼类从水里"钓"出来。捕鱼的时候，重爪龙都要站在水里，聚精会神地盯着水中的鱼类，然后把握时机抓住鱼类。

其他食物

一般情况下，重爪龙是不需要担心食物问题的。不过，古生物学家曾经在一些重爪龙化石的腹腔部位发现了其他恐龙的骨骸化石。这说明它们很有可能偶尔会换换口味，用其他恐龙充当食物。

▲ 虽然重爪龙和棘龙都属于棘龙科，但重爪龙的脊背上并没有突出的骨骼。这说明它们并不具备背帆这种特化的器官。

恐爪龙

恐爪龙是20世纪人类认知恐龙的一个重要发现。在此之前，人们对于恐龙的印象比较想当然，认为它们又臃肿又笨拙，简直就像肥胖的爬虫。但是，恐爪龙化石的发现让"身手灵活、行动敏捷"的新标签贴到了恐龙的身上。

| 化 石 | 恐爪龙后肢的趾爪 >>> |

恐爪龙因后肢脚趾上长着巨大的趾爪而闻名于世。其趾爪在外形上比较接近镰刀形，所以也被称为"镰刀爪"。这是恐爪龙无往而不利的捕猎利器。

▶古生物学家约翰·奥斯特罗姆在20世纪60年代对恐爪龙进行研究，掀起了"恐龙文艺复兴"。这不仅颠覆了以往人们对于恐龙的认知，还开启了关于"恐龙是冷血动物还是温血动物"的漫长辩论。

大 小	体长为3～4米
生活时期	白垩纪早期
栖息环境	森林、沼泽
食 物	肉类
化石发现地	美国

集群捕猎

跟白垩纪大型植食恐龙比起来，相对瘦小的恐爪龙根本不占优势。为了保证狩猎的成功率，聪明的恐爪龙会选择像现代的野狼一样集体行动。一旦发现目标，恐爪龙"集团"里的成员就会一拥而上，倚仗灵巧的动作、迅捷的速度与对方周旋。同时，它们还会抬起趾爪配合前肢，不断在猎物身上抓出伤口。当创伤积少成多，血流不止，猎物就会失去反抗的力气，倒在地上"任龙宰割"。恐爪龙就是凭借这样的方式让许多大型植食恐龙丢掉了性命。

开膛之爪

恐爪龙那"威名满天下"的巨大趾爪长在后肢的第二个脚趾上。根据已经出土的化石，恐爪龙第二趾爪的长度应该在 12 厘米左右。尖锐的"造型"保证了其锋利程度，能够让恐爪龙轻松地"开膛破肚"。这不禁让人们想起 19 世纪晚期横行伦敦街头的"开膛手杰克"。

鲨齿龙

　　鲨齿龙是活跃在白垩纪晚期的肉食恐龙。它们曾经辉煌一时，占据陆地食物链顶端的宝座长达几百万年之久。然而，强大的它们最终还是在激烈而残酷的竞争中灭绝了。它们的宝座不得不转交给迅速崛起的霸王龙等新生强者。

大　　小	体长为 12 ～ 14 米，体重为 6 ～ 11.5 吨
生活时期	白垩纪中晚期
栖息环境	平原、森林
食　　物	肉类
化石发现地	非洲

化　石　　鲨齿龙的牙齿 >>>

　　鲨齿龙因牙齿外形像现代大白鲨的牙齿而得名。通过化石可以看到，这枚牙齿像一把弯曲的匕首，既薄又利，有十分明显的纹路。

巨大的体形

作为白垩纪大型肉食恐龙，鲨齿龙有着与身份相配的庞大体形。根据目前已发现的化石，成年后的鲨齿龙身长一般为 12～13 米，有的甚至能达到 14 米，相当于我们平时乘坐的公交车的长度。身材高大、体形健壮的鲨齿龙在非洲大陆难逢敌手，是当时当地最强大的掠食者之一。

▼ 因为头部很大，又长有巨大而尖锐的牙齿，所以鲨齿龙的脑袋十分沉重。运动时，鲨齿龙往往需要借助坚硬且肌肉发达的尾巴来保持身体平衡。

波折往事

早在 20 世纪初，古生物学家就发现了鲨齿龙的化石。但是，当人们打算深入研究的时候，二战的弹火毁掉了它们。迫于无奈，古生物学家只能深入撒哈拉大沙漠搜寻线索。功夫不负有心人，最终他们在那里成功找到了鲨齿龙的头骨化石。

猎杀进行时

兽脚类恐龙大多是一些凶悍的掠食者，鲨齿龙也不例外。饥饿的鲨齿龙在捕猎时会率先攻击猎物，利用强壮的身体把对方撞倒或击晕，然后趁猎物来不及反应时将其牢牢踩在脚下。之后，它们再张开血盆大口，用锐利的牙齿撕咬猎物。当猎物因为失血过多死亡或失去反抗的力气后，鲨齿龙就会痛痛快快地享用美食。

13

五角龙

五角龙和三角龙一样，是角龙类家族的成员。它们都长有巨大的头骨、像鹦鹉一样强劲坚硬的喙状嘴以及坚硬可怕的利角。不同的是，五角龙要比三角龙多上两只角。

孤独的成员

1921 年，五角龙的化石第一次被发现。1923 年，五角龙的学名被正式确定。截至目前，古生物学家已经发现五角龙的许多骨骼化石，其中大部分出土于美国新墨西哥州的圣胡安盆地。但是，直到现在，五角龙也只有孤零零的一个种——斯氏五角龙。

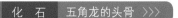

| 化 石 | 五角龙的头骨 >>> |

古生物学家在给五角龙命名的时候，认为它们的面部长有 5 只角（鼻拱上有 1 只角，眉拱上有两只角，脸颊侧边有两只角）。这其实是不正确的。五角龙脸颊两边的并不是真正的角，而是拉长的颧骨。

大　　小	体长为 5～8 米，体重约为 5 吨
生活时期	白垩纪晚期
栖息环境	森林、平原
食　　物	植物
化石发现地	美国

大尺度的头骨

遍观白垩纪的角龙类，你会发现它们大多长着大脑袋，而五角龙头部的规格更是大得惊人。古生物学家在复原五角龙的头骨化石后发现，其头骨的长度超过了 3 米！这让五角龙一举成为从古到今陆地上脑袋最长的动物。

鸡肋般的颈盾

鸡肋本是一种食物，但在古典名著《三国演义》中成了"食之无味，弃之可惜"的代名词。五角龙带有褶边的颈盾就如鸡肋一般，明明比其他角龙类的颈盾更加巨大、壮观，却因为盾板不够坚固，没办法作为合格的武器来进行攻击和防御，只能用以虚张声势地吓唬敌人或者吸引配偶。

小知识

1930 年，瑞典古生物学家卡尔·维曼向公众发表声明，称自己发现了五角龙的第二个种——孔五角龙。但是，之后人们发现所谓的孔五角龙和斯氏五角龙其实是同一个种类。

副栉龙

副栉龙名字里之所以带着一个"副"字，一是为了和同样属于鸭嘴龙类的栉龙相区分；二是因为它们在发现时间上比栉龙晚十几年，是"排名第二"的长着头冠的恐龙。

大　　小	体长约为 9 米
生活时期	白垩纪晚期
栖息环境	森林
食　　物	叶子、种子
化石发现地	北美洲

化 石 　副栉龙的头骨 >>>

副栉龙头顶独特的冠饰修长圆滑，有着明显的弧度。雄性的冠饰往往要比雌性的大许多。这个鲜明的特征使副栉龙成为中生代鸭嘴龙家族中耀眼的明星。

◀ 副栉龙是一种可以在两足行走和四足着地之间随意切换的恐龙。古生物学家认为，它们在寻找食物时用四足行走，而在奔跑时则转换成更灵活的两足方式。

更替的牙齿

副栉龙的嘴巴里长有几百颗整齐的牙齿，是它们用来咀嚼食物的"好帮手"。不过，每次进食的时候，它们只会用到一小部分牙齿，其余的则处于"待机"状态。当副栉龙的牙齿发生磨损时，新牙很快就会冒出来把旧牙顶替掉。

应对危机

和橡树龙一样，副栉龙没有进行攻击和防御的装备。为了抵御掠食者的进攻，副栉龙选择成群地生活在一起。而且，它们视力超常、嗅觉灵敏，能够及时发现危险，并四散奔逃。副栉龙还有一个特别的本领，那就是在水里进行短距离的游动。事实上，它们经常利用这项本领躲避敌人的围追堵截。

发声的冠饰

副栉龙头顶的冠饰向后延伸，长度可以达到 2 米。这使它们成为鸭嘴龙家族中的另类。起初，古生物学家认为副栉龙的头饰只是用来求偶的，但随着研究的深入，他们发现这里面居然暗藏玄机。原来，副栉龙的冠饰结构是中空的，内部是空心的细管。冠饰和副栉龙的鼻子相连。当副栉龙给鼻子加压充气时，长而弯曲的冠饰就会发出低沉的声音。

盔 龙

盔龙又叫"冠龙"，和大多数鸭嘴龙类一样，生活在北美洲温暖湿润的环境中。那里植被郁郁葱葱，很适合盔龙这样的大型植食恐龙生活。它们的头顶长有奇怪的冠饰，看上去和西方古代士兵的头盔很像。

大　小	体长约为 9 米
生活时期	白垩纪晚期
栖息环境	森林和沼泽地区
食　物	植物
化石发现地	北美洲

化 石	盔龙的皮肤 >>>

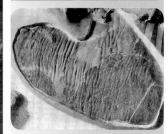

在一些盔龙化石中，古生物学家发现了保存较完整的皮肤印痕化石。经过深入研究，他们认为盔龙的腹部有着奇怪的赘肉状肿块。

"头盔"与声音

盔龙头顶的冠饰和很多鸭嘴龙类的一样，具有发声的功能。古生物学家发现，它们的冠饰内部是中空的，鼻子里有一条细长的管道和空心冠饰相通。当气流从它们的鼻子穿过时，"头盔"就会产生共鸣，可以自然而然地发出声音。不仅如此，盔龙的"头盔"可能会起到喇叭的作用，可以把低沉的声音扩大，让它们的叫声传得更远。这个特殊的装置在预警方面能起到重要作用。

入水的恐龙

面对肉食恐龙时，盔龙时常会显得力不从心。它们不但身体笨重，无法快速奔跑，而且浑身上下没有一件能保护自己的武器。这就造成了盔龙打也打不过跑又跑不脱的尴尬情景。幸好盔龙还有一套绝技，那就是跳到水里面。虽然盔龙不是游泳高手，只能进行短距离的游动，但比起绝大多数身为"旱鸭子"的掠食者，它们无疑占据一定优势。

盔龙的头骨化石

▲从目前已经出土的盔龙化石来看，雄性盔龙头顶的冠饰明显要比雌性盔龙的大许多。这说明盔龙的冠饰很有可能在求偶中起着重要作用。

19

埃德蒙顿龙

埃德蒙顿龙因化石发现于加拿大艾伯塔省的埃德蒙顿市而得名。和一些鸭嘴龙类成员类似，埃德蒙顿龙吻部既扁又平，喜欢啃食低矮的地面植物。

不同的发声方式

一些研究表明：埃德蒙顿龙并没有坚硬的骨质头冠。这样，它们就不可能靠头冠发声。古生物学家认为，它们鼻孔周围的骨骼凹陷处应该存在特殊的气囊。每当需要发声时，埃德蒙顿龙只要向气囊吹气就可以了。

大　　小	体长可达13米
生活时期	白垩纪晚期
栖息环境	淡水岸边
食　　物	植物
化石发现地	北美洲

▼ 1908年，美国的一名化石收集者查尔斯·斯腾伯格与他的3个儿子意外发现了一块保存状况良好的木乃伊化的恐龙化石。这具化石标本正是后来的埃德蒙顿龙。它在当时被称为"糙齿龙木乃伊"，现在收藏在美国自然历史博物馆。

埃德蒙顿龙的木乃伊化石照片

化　石	埃德蒙顿龙的皮肤化石 >>>

这是一块保存较为完好的埃德蒙顿龙皮肤化石。从它的表面，我们能够清楚地看到鳞片的印痕。这表明埃德蒙顿龙生前皮肤表面是鳞状的。

口与齿

　　埃德蒙顿龙的喙状嘴既扁又平。它们只有上颚骨和齿骨具有牙齿，上千颗细小的牙齿密密麻麻地挤在一起，连成好几排。埃德蒙顿龙通过上下颌来牵动脸部的肌肉，带动牙齿咀嚼食物。当部分牙齿因为老旧、磨损而掉落后，原来的位置就会长出新的牙齿进行替换。不过，新牙齿生长速度比较慢，差不多需要一整年的时间才能完全长好。

自身的局限

　　埃德蒙顿龙既能四足着地行走，低头吃地上的植物，也能靠两足站立起来吃高处的叶子，但不能用一对后肢快速奔跑。这可能是它们身体太重的缘故。

21

包头龙

至今为止，古生物学家已相继发现了 40 多具包头龙化石标本，其中包括不少近乎完整的骨架化石标本。这些珍贵的化石标本让包头龙成为人们最了解的恐龙之一。

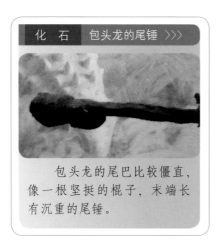

化石　包头龙的尾锤 >>>

包头龙的尾巴比较僵直，像一根坚挺的棍子，末端长有沉重的尾锤。

大　小	长约为 6 米，体重约为 3 吨
生活时期	白垩纪晚期
栖息环境	森林
食　物	植物
化石发现地	北美洲

致命弱点

包头龙甲胄优良，武器锋利，看似勇不可当，但有一个致命的弱点。它们和现代的豪猪一样，体表长满尖锐的针刺（骨刺），腹部却没有丝毫防护。掠食者如果发现了这个弱点，只需把包头龙弄得四脚朝天，让其柔软的肚皮暴露出来，就可以让包头龙命丧黄泉。

武装到眼睛

包头龙是体形较大的甲龙类成员。它们名字里的"包头"二字并不是指地名，而是说它们厚重的装甲不仅遍及全身，甚至连头部也包裹住了。确实，包头龙的化石骨架显示出，它们浑身上下包括脑袋都铺满大大小小的甲片。这些甲片构成了防御力绝佳的"铠甲"。不仅如此，包头龙的眼睑上也覆盖着小小的甲片。随着眼睛的睁合，这些小甲片就像活动的百叶窗一样，可以遮盖、保护包头龙的眼睛。

▼ 包头龙是一种很特别的恐龙。它们在幼年时期通常过着群居生活，接受父母的细心抚养与照料。一旦成年，包头龙就会离开群体，选择独自生活，在茂密的森林中独自觅食。

镰刀龙

20 世纪 40 年代，一支由苏联和蒙古国组成的科学考察队在蒙古国茫茫的戈壁滩上偶然发现了几块巨大的指爪化石，其中最长的甚至达到 1 米左右，比人的臂膀还要长。由于发现的化石标本外形呈镰刀状，古生物学家便将长着这种大爪子的恐龙命名为"镰刀龙"。

温和的性格

如果光看外表的话，镰刀龙可能会被人们认为是性情暴戾的掠食者。毕竟，它们前肢上的"大镰刀"看上去可不是装饰品。然而，古生物学家推测，镰刀龙很可能是一种性格温和的植食恐龙。

和奔跑无缘

镰刀龙长得又高又大，脖子既细又长，头不大，却挺着将军肚，后肢细长，没办法长时间支撑身体，而前肢上大爪子的存在又让四肢着地成为奢望。因此，镰刀龙注定一生无法奔跑，只能慢慢走路。

▼ 镰刀龙的前肢非常发达，长度惊人，甚至达到 3 米左右。它们的爪子常被用来取食，在危急的情况下，还能被当成自卫的武器。

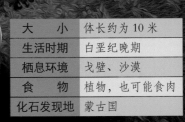

大　　小	体长约为 10 米
生活时期	白垩纪晚期
栖息环境	戈壁、沙漠
食　　物	植物，也可能食肉
化石发现地	蒙古国

图书在版编目（CIP）数据

探寻恐龙奥秘.5,白垩纪恐龙.中 / 张玉光主编.—青岛：青岛出版社，2022.9
（恐龙大百科）

ISBN 978-7-5552-9869-4

Ⅰ.①探… Ⅱ.①张… Ⅲ.①恐龙 – 青少年读物 Ⅳ.①Q915.864-49

中国版本图书馆CIP数据核字（2021）第118792号

书　　名	**恐龙大百科：探寻恐龙奥秘** **［白垩纪恐龙（中）］**
主　　编	张玉光
出版发行	青岛出版社（青岛市崂山区海尔路182号）
本社网址	http://www.qdpub.com
责任编辑	朱凤霞
美术设计	张　晓
绘　　制	央美阳光
封面画图	高　波
设计制作	青岛新华出版照排有限公司
印　　刷	青岛新华印刷有限公司
出版日期	2022 年 9 月第 1 版　2022 年 10 月第 1 次印刷
开　　本	16 开（710mm × 1000mm）
印　　张	12
字　　数	240 千
书　　号	ISBN 978-7-5552-9869-4
定　　价	128.00 元（共 8 册）

编校印装质量、盗版监督服务电话：4006532017　0532-68068050

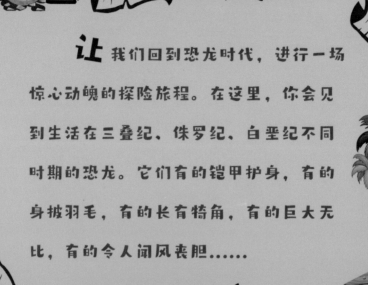

让我们回到恐龙时代，进行一场惊心动魄的探险旅程。在这里，你会见到生活在三叠纪、侏罗纪、白垩纪不同时期的恐龙。它们有的铠甲护身，有的身披羽毛，有的长有犄角，有的巨大无比，有的令人闻风丧胆……

ISBN 978-7-5552-9869-4

9 787555 298694 >

ISBN 978-7-5552-9869-4
定价: 128.00 (全8本)